西餐

MASTER OF WESTERN FOOD

蓝武强 —— 编著

大师

中国纺织出版社有限公司 | 国家一级出版社
全国百佳图书出版单位

图书在版编目（CIP）数据

西餐大师 / 蓝武强编著 . -- 北京：中国纺织出版
社，2019.8
ISBN 978-7-5180-6114-3

Ⅰ . ①西… Ⅱ . ①蓝… Ⅲ . ①西式菜肴—菜谱Ⅳ .
① TS972.188

中国版本图书馆 CIP 数据核字（2019）第 067443 号

责任编辑：韩　婧　　　责任校对：江思飞　　　责任印制：王艳丽

中国纺织出版社出版发行
地址：北京市朝阳区百子湾东里 A407 号楼　　邮政编码：100124
销售电话：010 － 67004422　　传真：010 － 87155801
http：//www.c-textilep.com
E-mail：faxing@c-textilep.com
中国纺织出版社天猫旗舰店
官方微博 http://weibo.com/2119887771
北京华联印刷有限公司印刷　各地新华书店经销
2019 年 8 月第 1 版第 1 次印刷
开本：889×1194　1 / 16　印张：9
字数：120 千字 定价：68.00 元

凡购本书，如有缺页、倒页、脱页，由本社图书营销中心调换

前 言

PREFACE

　　"西餐"是中国和其他东方国家对西方各国菜点的统称，从广义上讲，也可以说是对西方饮食文化的统称。对于西餐许多人都不陌生，但不一定有很多人亲自尝试过西餐烹饪。西餐不仅种类丰富，烹饪过程也十分讲究，从食材处理到成品出锅，每个细节环环相扣。如何将精心挑选的食材，经过烹饪处理后放到餐盘中，这个过程具有高度的可塑性和技术性。

　　本书作者经过长时间的思考和筹备，把从业多年来积累的专业知识转化为详细的文字说明，从烹饪技法、基础高汤，到酱汁烹制、食材处理等方方面面，将十多年来对于西餐的品尝、探究与思索的实操经验在书中倾囊相授。

　　本书分为十个章节，前面四章详细讲解了西餐在烹饪技法、高汤制作、酱汁制作和摆盘技巧方面的知识，后面六章精心收录了四十多道具有代表性的西餐料理，包括头盘与沙拉、汤品、汉堡与三明治、比萨、意大利面和主菜，最后以甜品结尾。除了详细的文字说明外，还配有精美的料理照片与分镜头似的图解操作，希望将每一道西餐料理的真实烹饪过程直观地呈现给读者。通过这些介绍，您会看到一系列耀眼夺目、历久不衰，延续千百年至今仍深受人们喜爱的西式料理菜式，每一道从原料加工到菜品制作，都有历史的传承，都经过时间的淬炼，至今依然充满时尚的美好滋味，是无可代替的西餐经典，能彰显西餐美食的精髓和独特之处。

　　翻开本书，这里正在演绎着西餐烹调的精彩故事，让专业的西餐厨师为读者舀上一匙私藏的烹调滋味，一起领悟西餐的美妙境界。相信无论是选择学习这项技艺的年轻厨师，还是钟情西餐的爱好者，这本书都能够加深他们对西餐烹饪的认识，提升西餐烹饪的技法，在西餐烹饪的这条路上有滋有味地走下去。

目 录
Contents

第4章　西餐摆盘技巧

第5章　头盘与沙拉

第6章　汤品

第7章　汉堡与三明治

第8章　比萨与意大利面

第9章　主菜

第10章　甜品

烹饪技法就像魔术一般，它们比你想象得更为考究，可以让食材迸发出千变万化的新滋味，实现厨师对西餐风味、质地、外观的极致追求。本章节通过文字和图解详细介绍了多种西餐烹饪技法的特点、适用范围和操作技巧等，仿佛主厨在现场亲自教授，让你在心中轻松勾勒出它们的概念，得到更有效的指导。

第①章

西餐烹饪技法

现代的西餐已经发展到了一个比较成熟的水平，随着社会的进步，烹饪设备的不断更新，原材料的不断丰富，烹饪制作的方式更是日新月异，这些改变都充分体现了西餐工艺对于成品制作的精益求精。西餐都有这样的特点：用料广泛、擅用调料、烹调讲究、注重火候。除了选材以外，更为注重的是食材与烹饪技法的结合。西餐的烹饪需根据原料、刀工、调味、成品要求等不同，使用不同的烹饪技法，以制作出不同色泽、质地、风味的菜肴。

炖

炖与煮、汆非常相似，也是在常温常压下，原料在水或其他液体中，加热成熟的方法。一般来说，炖的水温比汆高些，但是比煮略低，通常在90~100℃，适合长时间烹调。

代表菜品有蔬菜炖羊肉等。

汆

汆指在常温常压下，原料在70~90℃的水或其他液体中加热成熟的方法。主要适合质地细嫩，以及需要保持形态的原料，如鱼片、水波蛋、海鲜以及绿色蔬菜等。

汆的特点

◆ 使用液体的量对比"煮"较少。

◆ 水温比较低。

煮

蒸

煮是把食物原料浸入水中或基础汤中，以保持煮沸的状态将原料加工成熟的烹调方法，传热形式是对流传热。

煮制的菜肴具有清淡爽口的特点，同时也充分保留了原料本身的鲜美味道，同时对营养成分破坏较少。传热介质是水、基础汤、牛奶、菜汤等。

一般的蔬菜、禽类、鱼类（海鲜）都可以适用煮的方法。代表作品有水煮比目鱼配白酒汁、冰镇水煮海鲜等。

煮的操作要点

◆ 煮制的温度始终保持在100℃。

◆ 使用的水或基础汤要没过食物，使食物完全浸没。

◆ 要及时去除浮沫。

◆ 煮制过程一般不要加盖。

蒸是把加工成形的原料经过调味后，放入容器内，用蒸汽加热，使原料成熟的烹调方法。蒸是以水作为传热介质，其传热形式是对流交换加热。

由于蒸的菜品用油少，同时又是在封闭的容器内加热，所以，蒸制的菜品一般具有清淡、原汁原味，保持原料造型的特点。

蒸适合制作质地鲜嫩，水分充足的原料。如鱼、虾、慕斯、布丁等。代表菜品有法式海鲜蒸蛋、蒸比目鱼卷配鱼子酱等。

蒸的操作要点

◆ 原材料在蒸制前进行调味。

◆ 在加热过程中要把蒸锅或蒸箱盖严，避免跑气。

◆ 蒸制的时间根据原材料不同应掌握不同的时间，菜品要以刚刚蒸熟为好，不能蒸过火。

烧 或 焖

烧或焖是把加工好的原料，经过初步热加工，再放入水或基础汤中，使之成熟的烹调方法。烧或焖以水为传热介质，传热方法主要为对流和传导。

烧或焖适用的原材料很广泛，主要适于制作形状较大或肉质的原材料，烧或焖的时间可以根据原材料质地的不同采用不同的加热时间。

由于烧或焖的菜品加热时间长，所以一般具有软烂、味浓、原汁原味的特点。

烧或焖的操作要点

◆ 原料在刀工处理后，一般要先煎上色。

◆ 烧或焖时，汤汁不多，一般情况下，其高度只需达到原料的1/2或1/3。

◆ 烧或焖时，可以加盖，原料可同时依靠锅中的蒸汽制熟。

◆ 为了方便制作，使原料受热面积增大，受热更加均匀，烧或焖有时在烤箱中进行。

烩

烩是将加工好的原材料，放入用相应的原汁调成的酱汁，加热至成熟的烹调方法。"烩"的传热介质是水，传热方法是对流与传导。由于烹调中使用的汁酱不同，烩又分为红烩（番茄酱、烧汁）、白烩（奶油）等不同的方法。

烩制过程使用原汁和不同颜色的酱汁，一般具有原汁原味、色泽美观的特点。由于烩制菜肴加热时间比较长，并且经初步热加工，所以适宜制作的原料很广泛，各种动物性原料、植物性原料、质地比较鲜嫩和比较老的原料都可以。代表菜品有匈牙利烩牛肉、奶油烩鸡肉、爱尔兰烩羊肉等。

烩的操作要点

◆ 酱汁的用量不宜多，以刚好覆盖原料为宜。

◆ 烩制的原材料大部分要经过初加工。

◆ 烩制的过程中要加盖。

煎

煎是使用中等油量将原料加热的方法。作为最古老的烹饪方法之一，煎的导热原料无外乎两种：油或脂。油来源于植物性原料，如橄榄油；脂来源于动物性原料，如牛脂。欧式厨房里用于煎的容器几乎只有平底煎锅，煎锅中油或者脂的用量一般为原料厚度的1/3，煎可根据原料控制温度，温度范围为100~220℃。煎制的食品一般外酥里嫩，色泽金黄。

常见的煎法有两种：

1.加工原料调味后，直接在油中煎熟。

2.将原料调味，再沾上面粉、面糊、鸡蛋、面包糠等在油中煎熟。

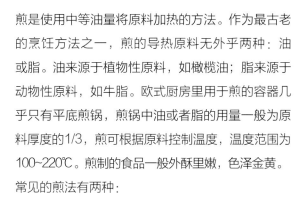

煎的操作要点

◆ 煎的温度范围在120~180℃，不能超过220℃，不能低于100℃。

◆ 使用的油不宜过多，最多浸没原料厚度的1/2。

◆ 煎制容易熟的原料，可以选用较高温度，而较厚、难熟的食物要选用小火，慢煎。

◆ 煎沾有鸡蛋液的食物要用小火，油温不能超过175℃。

炸

炸的特点是旺火多油，锅内下油能淹没原料，并使原料能漂浮在油面上。因为炸的过程没有水的参与，所以西方人也把它归为"干式烹饪法"的一种。炸的传热介质是油，传热形式是对流和传导。

炸的方法有三种：

1.在原料表面沾面粉、鸡蛋液、面包糠，然后进行炸制。

2.在原料的表面裹上面糊进行炸制。

3.直接炸制。

炸的操作要点

◆ 炸制的温度一般在120~180℃，温度最高不能超过190℃。

◆ 炸制菜肴不宜使用燃点较低的油，如黄油、橄榄油。

◆ 炸制体积大的、不易熟的原料，要选用较低的油温，以便能逐渐向内部传导，使原料熟透。

◆ 炸制体积小的、容易熟的食物，要选用较高的油温，使其快速成熟。

◆ 炸制过程需要经常过滤、去渣。高温炸制过12h后的油不宜再食用。

炒

炒是将经过刀工处理的小体积原材料，用少量食用油，以较高的温度，在短时间内加热成熟的烹调方法。

炒制过程中一般不加汤汁，炒制的菜肴具有脆嫩鲜香的特点。一般适用于制作质地鲜嫩的原材料，如牛里脊、鸡肉、虾仁、嫩叶的蔬菜、米饭等。

炒的操作要点

◆ 炒制的温度范围在150~190℃。

◆ 炒制的原料形状要小，而且大小、薄厚要均匀一致。

◆ 炒制的菜肴加热时间短，翻炒频率要快。

焗

焗与烤类似，也是利用热辐射和热空气对流方式，将原料烹调成熟的方法。

使用焗烹调时，原料只受到上方的热辐射，而没有下方的热辐射，因此焗也称为"面火烤"。特别适合用于制作质地细嫩的鱼类、海鲜、禽类等原料以及需要快速成熟或上色的菜肴。代表菜品有芝士焗龙虾、法式焗生蚝等。

铁扒 或 炭烧

铁扒或炭烧是将加工成形、经过腌渍调味后的原料放在扒炉上面，扒制成带有网状焦纹，并达到规定火候的烹调法。此法烹调时热源由上而下，成品具有漂亮的网状花纹，浓郁的焦香味及鲜嫩多汁的口感，深受欧美国家食客的青睐。

由于铁扒或炭烧是温度高、烹饪时间短的烹调方法，所以适宜制作质地鲜嫩的原料，如牛里脊、鱼排、大虾、海鲜等食物。代表菜品有扒澳洲牛排、炭烧海鲜、扒新西兰羊排等。

铁扒或炭烧的操作要点

◆ 铁扒的温度范围一般在180~250℃，在扒制比较厚的原料时，要先用较高温度扒上色，再降低温度扒制。

◆ 根据原料的厚度和客人的要求来掌握火候和扒制的时间，一般在5~10min。

烤

烤是指将食物腌渍好放入烤炉内，借助周围的热辐射和热空气对流使食物变熟的方法。为了加热均匀，上色一致，常常采用边烤边旋转的方法，传统的烤是把食物穿在铁钎上放在烤炉上烤熟，现在一般都用电烤箱烤，可以旋转，保证食物受热均匀。烤制完的肉色泽焦黄，并有外香里嫩的特点。代表菜品有德国啤酒烤鸡、烤牛肉等。

烤肉的操作要点

◆ 准备好工具，选择好烤盘，烤盘的大小要与肉的多少相适应，防止烤制的时候油脂溢出。

◆ 如果是需要腌渍的食物，需要前一天把食物腌渍好。

◆ 有脂肪的部位向上，肉要放在烤架上。

◆ 烤箱温度控制在150~250℃。

◆ 烤制不容易熟的食物要先用高温烤制，表皮变硬后再用温火烤熟。

◆ 烤制容易熟的食物可以一直用高温烤制。

◆ 如果食物已经上色但是还没有成熟，要盖上锡纸再烤。

◆ 烤制过程中需要不断给食物表面刷油或淋上原汁。

真空低温

真空低温是指将食物用抽真空的方法包装，或用保鲜膜密实包装，然后放入料理机以65℃左右的低温烹饪食物的方法，不同的食物所用的温度和时间不同。真空低温烹饪法所需的设备是恒温式低温料理机和真空密封机。

真空低温的优点

◆ 减少水分和质量的流失。

◆ 保留食物和香料的原味。

◆ 能长时间地保持食物的颜色。

◆ 减少食盐和其他调味料的摄入。

◆ 使用较少的油就能进行烹调。

◆ 最大限度地保留食物的营养成分。

◆ 保证每次烹饪效果都一样。

不同原料真空低温时间表

肉、禽类原料	温度（℃）	时间（min）
西冷/肉眼	59.5	45
鸡腿肉	64	60
鸭胸	60.5	25
猪里脊/排骨	80	480
羊排	60.5	35
鸡蛋	64	75
鹅肝	68	25
三文鱼	59.5	11
龙虾	59.5	15
鲜鲍鱼	62	15

◆ 备注：烹饪时间视食材体积大小可适当调整。

西餐桌上每一道"风情万种"的料理，其实都离不开高汤的浸润。调制高汤，可以说是西餐烹调的绝活儿。食材与高汤一起烹调能增添鲜味，创造出新的绝佳口感，达到相互加乘的美味效果。这里呈现的高汤制作方法，凝缩了岁月的精华，经历了千锤百炼，希望它们会像一道灵感的暖光洒进你的世界，帮助你制作理想的西餐佳肴。

第**2**章

基本高汤制作

鸡高汤

原料

老母鸡1只，水8000ml，洋葱150g，西芹50g，胡萝卜50g，百里香5g，月桂叶2片

①		将鸡一开二，用水冲洗干净。
②		放入开水中煮至沸腾，去除血水和浮沫。
③		将飞过水的鸡用流水快速冲洗干净。
④		把鸡肉、蔬菜、香料放入汤煲中，注入水大火烧开。
⑤		沸腾后立刻撇除所有浮物，改用文火慢煮2h左右。
⑥		用过滤器或纱布过滤后放冷待用。

牛高汤

原料

牛骨（牛肉）2000g，水10000ml，西芹200g，洋葱300g，胡萝卜300g，京葱50g，百里香20g，香叶5片

① 洋葱对半切，胡萝卜、西芹切块，京葱切段备用。

② 牛骨放入预热至180℃的烤箱中烤干水分（不用上色）备用。

③ 汤锅中放入烤好的牛骨，加入备好的蔬菜、百里香、香叶、水。

④ 大火煮至沸腾，撇去泡沫漂浮物，转文火煮制2~3h。

⑤ 用细筛网过滤，冷却保存即可。

褐色牛高汤（烧汁）

原料

牛骨2000g，牛边角料1500g，色拉油30ml，番茄膏600g，洋葱600g，西芹300g，胡萝卜300g，月桂叶5片，黑椒粒10g，红酒750ml，水15000ml，百里香5g，干什香草2g

洋葱、西芹、胡萝卜洗净，切丝备用。

把牛骨、牛边角料放入预热至220℃的烤箱中烤至金黄色后取出备用。

热锅，放入色拉油，炒香蔬菜备用。

不粘锅中放入色拉油，倒入番茄膏炒香炒透备用。

大汤锅中加入水、牛骨、蔬菜、番茄膏大火煮至沸腾，撇出漂浮物，加入月桂叶、黑椒粒、红酒、百里香、干什香草，转小火慢慢煮5~6h。

将熬好的褐色牛高汤用细筛网过滤，冷却保存即可。

小贴士

用褐色高汤制作酱汁时，可添加面捞（将面粉与黄油以3∶1的比例炒香成面捞，用冷水调开至无颗粒状）调节浓稠度。

鱼高汤

原料

鱼骨和鱼肉（比目鱼）800g，洋葱100g，胡萝卜50g，西芹50g，色拉油30ml，白葡萄酒50ml，白胡椒粒8g，水5000ml，香叶2片，百里香20g

①	洋葱对半切，胡萝卜、西芹切块备用。
②	鱼骨、鱼肉烤香备用。
③	锅中放色拉油，炒香蔬菜，放入鱼骨、鱼肉、白胡椒粒、香叶、百里香、白葡萄酒、水，大火烧开。
④	捞除浮在汤上面的浮沫，慢火熬煮40min。
⑤	用细筛网过滤，冷却保存即可。

蔬菜高汤

原料

西芹300g，洋葱500g，胡萝卜500g，蘑菇300g，番茄300g，京葱50g，香叶2片，百里香10g，水8000ml

洋葱对半切，胡萝卜、西芹、番茄、蘑菇切块，京葱切段备用。

锅中加入所有蔬菜、百里香、香叶、水。

大火煮至沸腾，撇去浮沫，转文火煮1h。

用细筛网过滤，冷却保存即可。

酱汁是西餐的点睛之笔，它让西餐桌上的用餐时光变得有滋有味，赋予西餐料理不同的面貌，让食材风味更具层次，是臻于西餐美味极致的关键，充满了西餐烹饪者最虔诚的用心。本章节将带你探寻酱汁那惊艳的秘密，只要用心品读，反复实践，你一定能有所收获和感悟。

第**3**章

基本酱汁制作

蛋黄酱

原料

鸡蛋4个，芥末10g，白酒醋10ml，色拉油800ml，柠檬汁5ml，食盐8g，白糖8g

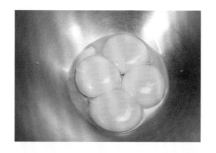

将鸡蛋黄取出放在容器中，加入芥末、白酒醋。

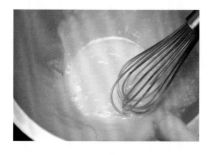

用打蛋器匀速向一个方向抽打容器中的食材。

待有黏稠度时，慢慢加入色拉油并不断搅拌，使其混合均匀。

放入柠檬汁、食盐、白糖调味即可。

千岛沙拉汁

原料

蛋黄酱500g，鲜牛奶150ml，番茄沙司250g，洋葱100g，酸青瓜80g，鸡蛋2个，李派林喼汁2ml，辣椒酱2g，柠檬汁（0.5个柠檬的量），法香3g，食盐2g

①		把鸡蛋煮熟放凉，取蛋白切碎备用。
②		把洋葱、酸青瓜、法香切碎备用。
③		在容器中倒入蛋黄酱和牛奶，缓慢搅匀。
④		再加入剩余的所有备用材料，倒入番茄沙司搅拌。
⑤		调味搅拌均匀。
⑥		熬好后盛到容器中即可。

法式沙拉汁

原料

蛋黄酱800g，鲜牛奶250ml，蒜肉10g，酸青瓜70g，洋葱20g，法香10g，大藏芥末30g，食盐2g，白胡椒粉2g

把洋葱、蒜肉、法香、酸青瓜切碎备用。

在容器中倒入蛋黄酱和牛奶，缓慢搅匀。

加入所有备用的材料，用大藏芥末、食盐、白胡椒粉调味并搅拌均匀即可。

盛到容器中即可。

凯撒沙拉汁

原料

蛋黄酱750g，鲜牛奶200ml，银鱼柳50g，蒜肉50g，大藏芥末20g，李派林喼汁1.5ml，帕玛臣芝士粉35g，柠檬汁（0.5个柠檬的量），食盐3g，黑胡椒碎3g，白胡椒粉2g

①		蒜肉、银鱼柳切碎备用。
②		将蛋黄酱和牛奶倒入容器混合缓慢搅匀。
③		加入其余备好的材料。
④		搅拌均匀。
⑤		盛入容器中即可。

油醋汁

原料

白酒醋300ml，橄榄油200ml，色拉油400ml，大藏芥末15g，蒜肉11g，洋葱碎20g，西芹10g，水瓜柳8g，鸡尾洋葱10g，酿水榄20g，黑橄榄20g，酸青瓜80g，百里香5g，柠檬汁（1个柠檬的量），白糖2g，李派林喼汁6ml，法香10g，黑椒碎2g，食盐3g

①		洋葱碎、蒜肉、西芹、水瓜柳、鸡尾洋葱、酿水榄、黑橄榄、酸青瓜、百里香切碎备用。
②		容器中倒入白酒醋、大藏芥末，略微搅拌。
③		在调味好的白酒醋中缓慢倒入橄榄油、色拉油，并用打蛋器按一个方向搅打，直至油和醋混合均匀。
④		加入剩余的所有材料。
⑤		调味并搅拌均匀。
⑥		盛入容器中即可。

鸡尾酒汁

原料

番茄酱2000g，辣根酱140g，辣椒仔60ml，蒜肉66g，洋葱5g，干葱5g，白兰地3.5ml，柠檬皮（1.5个柠檬的量），柠檬汁（1个柠檬的量），杂香草1g，李派林喼汁1ml，食盐3g，黑胡椒2g

1 洋葱、干葱、柠檬皮切碎备用。

2 容器中倒入番茄酱、辣根酱搅拌均匀。

3 加入剩余的所有材料。

4 调味并搅拌均匀。

罗勒酱

原料

新鲜罗勒叶1000g，蒜肉35g，松子仁100g，橄榄油500ml，帕玛森芝士粉150g，食盐15g，冰块40g

①		罗勒叶去梗留叶，放入烧开的水中烫煮5s。
②		取出放入冰水中冷却，挤干水分，备用。
③		松子仁放入预热至150℃的烤箱中烤制8min，取出放冷备用。
④		将处理好的罗勒叶放入搅拌机里，加入蒜肉、烤好的松子仁、帕玛森芝士粉、食盐、冰块，倒入橄榄油。
⑤		搅碎成细蓉状即可。

秘制神汁

原料

生抽300ml，香麻油30ml，辣椒油50ml，蒜肉45g，干葱45g，指天椒20g，香菜20g，小葱白15g，京葱10g，白芝麻6g

		蒜肉、干葱、指天椒、香菜、小葱白、京葱切碎备用。
②		白芝麻放入预热至140℃的烤箱烤香。
		准备生抽、香麻油、辣椒油。
④		将除了白芝麻的所有材料加入容器中进行搅拌，最后加入烤好的白芝麻拌匀。
⑤		盛到容器中即可。

那些看起来宛如艺术品的西餐料理往往就是通过摆盘技巧演绎出千变万化的风情，瞬间将食材的质感提升，呈现出赏心悦目的美感，同时让享用者感受到料理者的用心，不只会带来视觉上的享受，更能营造温暖、愉悦的用餐气氛，从而收获视觉与味觉的双重盛宴。在这章节，我们希望能够带领你体验西餐的美感，提升自己的品位。

第 4 章

西餐摆盘技巧

堆积法

钟表法

这种技巧尤其适合于甜点和沙拉类的菜品，让原本量少的菜品看起来精致、有层次感，同时也在视觉上增大了体积。这种技巧既可以靠工具来完成（如食物模具），也可以徒手达成。

使用圆形餐盘摆盘时，将盘子想象成一个钟表，每一个要摆放食物的区域和时针的位置相呼应。在传统的摆盘方式下，含淀粉的食物摆放在10点钟位置，肉类摆放在6点钟位置，蔬菜则摆放在2点钟位置。

类似地，使用长方形的碟子时，可以用象限表的方法，将其分成2~8甚至10个象限区间来摆盘。同理，如果是三角形的碟子则可以分成3的次方区间来装饰。

氛围法

◆ 干冰

即固态二氧化碳，在常温下会升华成气体。可以利用这个特性在干冰上加水制造烟雾，营造梦幻的意境。这种方法适用于海鲜菜肴、甜品或各种冰品。需要注意的是，干冰的温度非常低，不可直接接触皮肤，否则会造成冻伤。

◆ 液氮

可以锁住食物的香味和味道，操作方法很简单，将液氮喷洒在食物上，食物就被瞬间"锁冻"，同时让顾客在视觉上感受到食物的意境。

◆ 烟熏

运用烟熏枪，喷出各种味道的烟雾，用烟熏口味来增加菜品的氛围。

◆ 火焰

运用高浓度烈酒，例如白兰地、玫瑰露酒等结合食品装盘使火苗瞬间蹿升，营造出惊艳的效果。

勾画法

用勺子倒一些酱在盘子靠近边缘处，再从酱中间轻轻画出弧线。

滴坠法

用挤汁瓶将酱料以斑点形式点缀在盘子中央或者食材旁边，可增加整体的活泼感。

杯压法

用勺子放一小堆酱在盘子中间，再用玻璃杯压出花纹，垂直拿开。工具简单，但是做出来的效果非常惊艳。适合在旁边装点一些漂亮的蔬菜叶。

转盘法

利用制作蛋糕的转盘，在盘中制作螺旋的效果。如果没有转盘，也可以手动画圈。

酱汁法

这是西餐最常用的方法之一，不同的酱汁使用不同的方法。不同的酱汁具有不同的颜色，与食材搭配要注意色彩的协调。酱汁摆盘常用的方法有勾画法、滴坠法、杯压法、转盘法、压模法、摔酱法。点和线条是最常使用的方法，但不要刻意强调对称，自然、随意的效果往往更能得到喝彩。融合菜也可以学习中国画的特点，用酱汁的浓淡深浅变化实现创意。

摔酱法

任性而艺术的点缀方式！挖一勺酱料，直接扔到盘子上。抽象感是有了，不过也要注意拿捏力度，以免过多造成浪费。

压模法

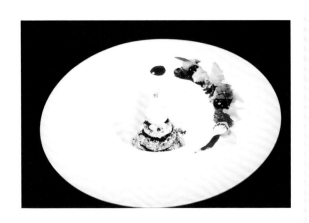

巧用家里的慕斯圈或切模。先将酱汁沿着内壁涂抹大半圈，再用勺子按照基础盘饰方式从中间勾画出来，就会形成圆形的酱汁摆盘。

想要慢慢走进西餐美好的世界，与西餐来一场浪漫之约，头盘与沙拉显然就是这场约会中优秀的领路人。它是食客对一次完整西餐的第一印象，可以让食客提高用餐兴致，保持愉快的心情，为主餐前的悠闲时光打开胃口。

第 5 章

头盘与沙拉

自制莳萝腌三文鱼

Homemade Salmon with Dill

莳萝腌三文鱼运用了传统的腌制方法，加入莳萝（Dill）的特殊芳香而深受大众喜爱。

原料

三文鱼脊背肉	1000g
海盐	50g
白糖	90g
白胡椒粒	50g
莳萝	20g

小贴士　莳萝也称土茴香，所以很多人觉得莳萝和茴香是一样的，其实莳萝和茴香的区别很明显，例如从味道上来说莳萝的味道较茴香有很明显的辛香味。

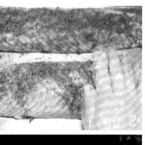

制作

1. 将海盐、白糖和白胡椒混合。（图1）

2. 取三文鱼放入容器中，抹上莳萝。（图2）

3. 将混合好的海盐、白糖和白胡椒均匀覆盖在三文鱼肉上，封上保鲜膜放入冰箱中冷藏。
   （图3）

4. 待12h后翻面，并将调料覆盖均匀，再次放入冰箱冷藏。（图4）

5. 等待约24h后，将三文鱼取出，将其表面的海盐、白糖、白胡椒粒去掉，吸干水分，备
   用。（图5）

6. 根据需要的长度切片。（图6）

7. 配上装饰材料，摆盘。（图7）

墨西哥风味冷浸鲍鱼

Cold Abalone with Fajita Sauce

被誉为"餐桌黄金，海珍之冠"的鲍鱼，用秘制的酱汁浸泡使其肉质细嫩、口感丰富。

原料

鲍鱼	6个
清酒	30ml
京葱	1根
姜	10g
柠檬	1个

墨西哥酱料配料

热开水	400ml
日本酱油	375ml
白糖	110g
OK汁	168ml
李派林喼汁	3ml
辣椒酱	5g
黑胡椒碎	2g

制作

1. 制作墨西哥酱料：热开水中加入白糖、日本酱油、OK汁、李派林喼汁、辣椒酱、黑胡椒碎搅拌均匀，冷却后放入冰箱冷藏备用。（图1）

2. 鲍鱼洗净去壳取肉。（图2）

3. 锅中放入水倒入清酒、切好的柠檬片、京葱段、姜片，保持65℃恒温，放入鲍鱼，中低温煮45min，取出备用。（图3）

4. 将煮好的鲍鱼放入做好的墨西哥酱料中，封上保鲜膜放入冰箱冷藏8h，使其风味更醇厚，捞出装盘，配上装饰材料即可。（图4）

法国红酒鹅肝冰激凌

French Foie Gras Ice Cream with Red Wine

采用独特配方和手法制作而成的冰激凌搭配法国明星食材—— 法国鹅肝，更加相得益彰、声名远扬。

原料

鹅肝	·················	1000g
浓缩橙汁	·················	50ml
浓缩鸡高汤	·················	20ml
日式面豉酱	·················	50g
红葡萄酒	·················	250ml
淡奶油	·················	500ml
百里香	·················	3根
食盐	·················	适量
胡椒	·················	适量

制作

1. 红葡萄酒浓缩至50ml备用。（图1）

2. 浓缩鸡高汤放入冰箱冷却，冻成啫喱冻。（图2）

3. 面豉酱用细密网过滤。（图3）

4. 鹅肝去筋去血丝，分割成小块。（图4）

5. 将鹅肝用食盐、胡椒、百里香调味，放入真空包装袋，约200g一袋，放入55℃水中，浸泡约35min，取出鹅肝，挑出百里香，袋子中的油弃用。（图5）

6. 将泡好的鹅肝、红酒、面豉酱、浓缩橙汁、鸡汤啫喱、淡奶油放入搅拌器中慢打至香滑。（图6）

7. 将打好的混合物倒入加厚不锈钢冰桶或模具中密封，放入冰箱-18℃冷冻。（图7）冷冻后，挖成球形，配上装饰材料，摆盘。

制作

1. 九节虾放入开水中煮至弯曲发红，捞起后即刻放入冰水中镇冷，保持肉质鲜嫩爽脆。（图1）

2. 去除虾头、虾壳和虾线，留虾仁和虾尾待用。（图2）

3. 芒果取肉切小丁。（图3）

4. 将洋葱碎、香菜梗放入容器中，加入芒果丁、食盐、黑胡椒碎、青柠汁、橄榄油拌匀，制成芒果莎莎酱。（图4）

5. 将薄荷叶切碎放入容器中，加入橄榄油、虾拌匀。（图5）

6. 芒果莎莎酱放入杯中，再放上拌好的虾。（图6）

芒果薄荷虾

Prawn Cocktail with Mango Salsa and Mint

清甜莹润的芒果粒，配上鲜香爽口的九节虾，还有绿油油的薄荷叶不经意地点缀，看着色彩明艳，吃着口感清爽鲜甜，别有一番混搭风味。

原料

九节虾	150g
小台芒	200g
薄荷叶	20g
洋葱碎	15g
香菜梗	8g
橄榄油	10ml
青柠汁	5滴
食盐	适量
黑胡椒碎	适量

意式番茄香脆面包片

Tomato Bruschetta

闻名世界的意大利小吃，融合了番茄的酸甜和橄榄油的温润。

原料

樱桃番茄	300g
长法棍	1根
蒜蓉	20g
洋葱碎	10g
香菜梗碎	10g
紫苏碎	10g
橄榄油	20ml
黄油	30g
法香碎	5g
黑椒碎	2g
食盐	适量

制作

1. 准备黄油、法香碎、蒜蓉。（图1）
2. 黄油中加入10g蒜蓉、法香碎搅拌均匀备用。（图2）
3. 面包斜切1cm厚度长片，抹上蒜味黄油。（图3）
4. 放入190℃烤箱中烤2min至表面香脆。（图4）
5. 樱桃番茄切小丁放入容器中。（图5）
6. 加入蒜蓉、洋葱碎、香菜梗碎、紫苏碎、黑椒碎、橄榄油、食盐，调味搅拌均匀。（图6）
7. 将拌好的番茄放在烤面包片上。（图7）

冰镇海鲜

Ice Seafood with Special Sauce

海鲜经汆水后急速冰镇，从而可以锁住蛋白质并保持原汁原味，使肉质更加脆弹。

制作

1. 水中放入洋葱、西芹、胡萝卜、1片柠檬、百里香、食盐、胡椒粒，倒入白葡萄酒煮开。（图1）

2. 分别将海鲜放入水中根据需要煮熟。（图2）

3. 取出煮好的海鲜放入冰水中镇冷。（图3）

4. 中红蟹去鳃去内脏，将所有海鲜清洗干净滤干备用。（图4）

5. 柠檬切成角，备好秘制神汁，享用海鲜时佐配。（图5）

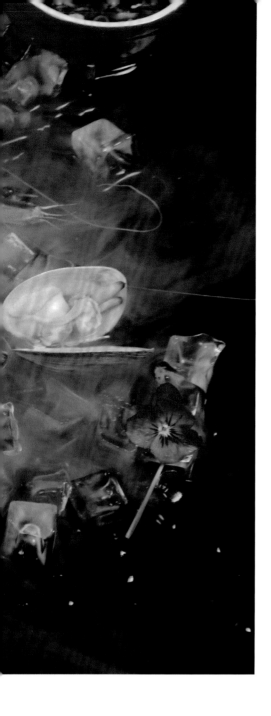

原料

九节虾	250g	西芹	100g
花螺	250g	洋葱	100g
中红蟹	400g	胡萝卜	100g
元贝	200g	秘制神汁	100ml
花甲王	100g	百里香	15g
青口	100g	食盐	适量
白葡萄酒	100ml	胡椒粒	适量
柠檬	2个		

香煎澳带配俄罗斯鱼子酱

Pan-fried Scallop with Caviar

原料

澳带	300g	白葡萄酒	10ml
俄罗斯鱼子酱	10g	食盐	适量
罗勒酱	20g	胡椒	适量
橄榄油	20ml		

制作

1. 将澳带外壳刷洗干净。（图1）
2. 用刀将澳带肉取出，去除内脏，洗干净吸干水分备用。（图2）
3. 将澳带壳放入预热200℃烤箱中烤2min取出。（图3）
4. 热平底锅中倒入橄榄油，放入澳带肉煎至两面金黄色约七成熟，食盐、胡椒调味，喷入白葡萄酒后即刻出锅。（图4）
5. 澳带壳中放入罗勒酱，放入煎好的澳带。（图5）
6. 澳带肉上放入俄罗斯鱼子酱，配上装饰材料。（图6）

德国土豆沙拉

Potato Salad

原料

原料	用量
土豆	200g
洋葱丝	30g
烟肉	30g
白酒醋	30ml
蛋黄酱	30g
芥末籽酱	10g
橄榄油	15ml
法香碎	10g
食盐	适量
白胡椒粉	适量

制作

1. 烟肉切成小条状，放入平底锅中煸炒至香脆，备用。（图1）

2. 土豆洗净煮熟，去皮切成块。（图2）

3. 容器中加入白酒醋、蛋黄酱、芥末籽酱、橄榄油搅拌成酱汁。（图3）

4. 将土豆块、洋葱丝、烟肉条、法香碎放入芥末酱汁中，用食盐、白胡椒粉调味拌匀即可。（图4）

经典凯撒沙拉

Classic Caesar Salad

原料

罗文生菜	300g
凯撒汁	60g
白吐司	1片
蒜蓉	5g
法香碎	2g
黄油	10g
烟肉	30g
巴马臣芝士	25g

小贴士

沙拉还可根据个人口味加入鸡胸肉、烤大虾等。

制作

1. 罗文生菜洗净后，撕成大片状，沥干水分备用。（图1）

2. 白吐司切成小方丁，加入融化的黄油、蒜蓉、法香碎拌匀，放入150℃烤箱中慢烤至金黄色备用。（图2）

3. 烟肉切成小条状，放入平底锅中煸炒至香脆。（图3）

4. 罗文生菜加入凯撒汁拌匀。（图4）

5. 加入蒜蓉面包丁、脆烟肉、巴马臣芝士。（图5）

6. 装盘，根据个人喜好稍加装饰。（图6）

这里介绍的每一道汤品，它们或是在汤炉中翻滚着经典的味道，或是经历了厨师的创意改良，待到汤成时，袅袅升起的热气氤氲于心尖，让我们在品尝时慢慢体会各种食材在温度的变化中相互渗透与交融，滋味的浓淡鲜香，味觉的和谐调和。

第 **6** 章

汤品

南瓜奶油汤

Pumpkin Cream Soup

　　西餐桌上，这一道味道鲜醇、香滑可口的汤品总会让食客们喜出望外，每品尝一口，浓郁的南瓜香萦绕舌尖，而且营养丰富，富含膳食纤维，尤适宜女性饮用。

原料

南瓜	....	800g
洋葱	....	30g
蒜肉	....	5g
胡萝卜	....	200g
鸡高汤	....	1000ml
淡奶油	....	30ml
黄油	....	30g
橄榄油	....	15ml
香叶	....	1片
百里香	....	5g
食盐	....	5g

制作

1. 南瓜去皮去籽切块，胡萝卜切块。（图1）
2. 洋葱切丝，蒜肉切末备用。（图2）
3. 将蒜末、黄油均匀地抹在南瓜、胡萝卜上。（图3）
4. 把南瓜放入烤盘预热180℃烤箱烤上色，备用。（图4）
5. 热锅放橄榄油加洋葱炒香，加入烤好的南瓜、香叶、百里香、鸡高汤，煮沸后转文火煮8min，取出香料。（图5）
6. 将煮好的南瓜倒入搅拌机中打蓉。（图6）
7. 将搅打好的南瓜蓉倒入锅中，加入淡奶油、食盐调味。（图7）
8. 将南瓜奶油汤装到容器中，摆盘并装饰。（图8）

卡布奇诺蘑菇汤

Cappuccino Mushroom Soup

原料

白蘑菇	500g	黄油	30g
洋葱	80g	百里香	2g
鸡高汤	800ml	阿里根奴	2g
牛奶	100ml	食盐	适量
淡奶油	80ml	胡椒碎	适量

制作

1. 洋葱切丝、白蘑菇洗净切片。（图1）
2. 热锅放入黄油化开，加入洋葱丝、蘑菇片炒香透，再加入百里香、阿里根奴。（图2）
3. 加入鸡高汤大火煮至沸腾，改文火煮10min至香浓。（图3）
4. 倒入搅拌机打成浓汤。（图4）
5. 加50ml牛奶、淡奶油，用食盐、胡椒碎调味，搅拌均匀。（图5）
6. 剩余的牛奶加热至55℃顺时针搅拌成奶泡，放在浓汤上。（图6、图7）

罗宋汤

Russian Borscht

起源于俄罗斯的一种浓菜汤，通常使用番茄酱为主要调味料，搭配各色蔬菜和牛肉，营养丰富，辣中带酸，酸甚于甜，味香醇厚。

制作

1. 将西芹、胡萝卜、洋葱、番茄、土豆、椰菜、甜菜头、红辣椒洗净切成8cm的条。（图1）

2. 牛肉切条，用食盐调味腌渍。（图2）

3. 热平底锅中放入腌好的牛肉，煎至五成熟待用。（图3）

4. 热锅放橄榄油和香叶，将洋葱条、西芹条、胡萝卜条炒香后加入茄膏炒至褐色。（图4）

5. 在炒好的蔬菜中加入牛高汤、番茄条、土豆条、红辣椒条、甜菜头条、椰菜条和指天椒，用大火烧开后改小火烧10min，加入牛肉条煮至浓稠。（图5）

6. 最后用食盐、胡椒粉、李派林喼汁、白糖、辣椒酱调味即可。（图6）

原料

西芹	80g	茄膏	30g
胡萝卜	80g	牛高汤	500ml
洋葱	100g	橄榄油	30ml
番茄	60g	香叶	1片
土豆	80g	食盐	10g
椰菜	100g	胡椒粉	3g
甜菜头	20g	白糖	5g
牛肉	60g	李派林喼汁	3ml
红辣椒	30g	辣椒酱	5滴
指天椒	5g		

马赛鱼汤

Bouillabaisse

此汤也称之为普罗旺斯鱼汤，原本是渔夫的妻子将白日里交易剩下的鱼虾熬煮成鱼汤为出海归来的丈夫暖身子用的，它是渔民家中的一道晚餐。

制作

1. 将九节虾、青口、澳带洗净，鱿鱼切圈、银鳕鱼切块备用。（图1）

2. 将洋葱、西芹、胡萝卜、番茄肉切丁备用。（图2）

3. 热平底锅倒入橄榄油，煎银鳕鱼、澳带至表面金黄色备用。（图3）

4. 热锅放橄榄油，炒香蒜蓉、洋葱丁、西芹丁、胡萝卜丁、番茄丁、紫苏。（图4）

5. 加入所有海鲜转大火烹调，倒入白葡萄酒。（图5）

6. 加入鱼高汤、藏红花、番茄酱煮至沸腾，转文火煮3分钟。（图6）

7. 煮好的海鲜加食盐、胡椒调味。（图7）

8. 将煮好的汤装入器皿，配上装饰材料。（图8）

原料

银鳕鱼	120g	番茄肉	250g
九节虾	80g	番茄酱	80g
青口	80g	白葡萄酒	60ml
澳带	60g	橄榄油	25ml
鱿鱼	60g	蒜蓉	30g
鱼高汤	450ml	新鲜紫苏	20g
洋葱	30g	藏红花	适量
西芹	30g	食盐	适量
胡萝卜	30g	胡椒	适量

龙虾浓汤

Lobster Bisque

龙虾一直是西餐中常出现的食材，用它烹制而成的龙虾浓汤更是一直保持着超高的人气，龙虾的鲜香遇上了奶油的柔腻，不仅营养充足而且香浓美味，可以让品尝的人胃口大开，回味无穷。

原料

龙虾	1000g
洋葱	100g
胡萝卜	100g
西芹	50g
茄膏	40g
面粉	20g
白兰地酒	50ml
黄油	60g
淡奶油	50ml
鱼高汤	800ml
香叶	1片
百里香	10g
食盐	适量
胡椒	适量

制作

1. 龙虾洗净，去壳、去沙线，取肉蒸熟备用。（图1）

2. 将龙虾壳放入预热至200℃的烤箱中烤20min 。（图2）

3. 热锅放入黄油炒香洋葱、胡萝卜、西芹、香叶炒香。（图3）

4. 加入茄膏、面粉炒至褐色。（图4）

5. 加入烤好的龙虾壳，喷入白兰地酒点火燃烧。然后加入鱼高汤煮沸，转文火煮20min。（图5、图6）

6. 将熬好的龙虾汤用细筛过滤，倒入锅中。（图7）

7. 加入淡奶油，用百里香、食盐、胡椒调味。（图8）

8. 将烹制好的龙虾浓汤装到器皿中，放入龙虾肉，按照个人喜好装饰即可。

西餐里一般都有汉堡或者三明治的身影，它们通常都是带着烘焙后的余温来到餐桌上，在餐厅中一直保持着超高的人气，能给食客带来最实在的能量补给，让食客的眉眼间都写满心满意足。

第 **7** 章

汉堡与三明治

超级至尊牛肉汉堡

Prime Beef Burger with Cheese

原料

汉堡包	1个	生菜	50g
黄油	10g	番茄	50g
烟肉	1片	酸青瓜	20g
芝士片	2片	洋葱	20g
鸡蛋	1个	橄榄油	10ml

牛肉饼原料

牛肉	1500g	生粉	10g
肥肉	500g	牛奶	100ml
新鲜百里香	10g	去边的白吐司	20g
什香草	3g	鸡蛋	1个
黄油	20g	辣椒酱	5滴
洋葱碎	150g	食盐	适量
鸡粉	7g	黑胡椒碎	适量

制作

1. 准备制作牛肉饼的原料。（图1）
2. 将牛肉饼全部原料搅打至起胶，用模型制作成圆牛肉饼形状。（图2）
3. 将生菜洗净，洋葱切圈，番茄、酸青瓜切片备用。（图3）
4. 热平底锅放橄榄油，将牛肉饼煎至八成熟。（图4）
5. 牛肉饼上放上芝士片。（图5）
6. 煎双面蛋，烟肉煎熟备用。（图6）
7. 将汉堡包涂抹黄油烤上色。（图7）
8. 汉堡底依次放上生菜、番茄片、洋葱圈、酸青瓜片、煎蛋、烟肉、牛肉饼，盖上汉堡包盖。（图8）

牛排三明治

Beef Steak Sandwich

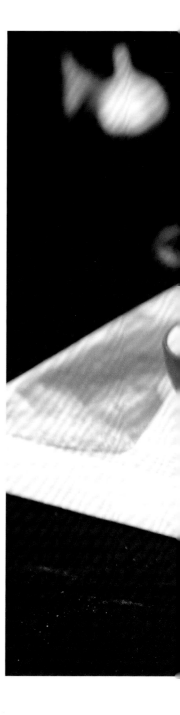

　　外焦里嫩的牛排包裹在法包里，吃进嘴里时，浓浓肉汁和淡淡的麦香立即充盈唇间，每一口都让人感到心满意足。

原料

西冷牛排	150g
黄芥末	15g
蛋黄酱	30g
芝麻菜	40g
橄榄油	10ml
洋葱	80g
白蘑菇	80g
红葡萄酒	20ml
百里香	5g
法包	半条
黄油	20g
食盐	适量
黑胡椒碎	适量

制作

1. 牛排用食盐、黑胡椒碎调味，撒上百里香腌渍。（图1）

2. 洋葱切圈，白蘑菇洗净切厚片。（图2）

3. 热平底锅放上洋葱圈、白蘑菇片，扒上色调味备用。（图3）

4. 将腌好的牛排两面煎上色，喷上红葡萄酒煎至七成熟。（图4）

5. 将法包对半开，抹上黄油，烤上色。（图5）

6. 将黄芥末、蛋黄酱搅拌均匀涂抹在面包上。（图6）

7. 依次放上扒好的洋葱圈、白蘑菇片、牛排。（图7）

8. 取橄榄油拌芝麻菜放在牛排上，覆盖上另一半面包。（图8）

公司三明治

Club Sandwich

这是一款几乎是人人都吃过的三明治，它做法不难却也营养丰富，简简单单就能吃个痛快！

原料

白吐司	3片	黄油	10g
烟肉	2片	番茄	50g
鸡蛋	1个	西生菜	50g
鸡胸肉	120g	蛋黄酱	20g

鸡胸肉腌料

洋葱丝	30g	白葡萄酒	20ml
西芹丝	30g	食盐	适量
胡萝卜丝	30g	胡椒碎	适量
百里香	1根		

制作

1. 鸡胸肉用百里香、蔬菜丝、白葡萄酒、食盐、胡椒碎腌4h，入预热至165℃的烤箱中烤熟。（图1）
2. 鸡蛋煎双面蛋，烟肉煎熟备用。（图2）
3. 熟鸡胸肉切片备用。（图3）
4. 西生菜洗净，番茄切片备用。（图4）
5. 烤白吐司，两面上色抹上黄油。（图5）
6. 面包上第1层放上西生菜、番茄片、鸡胸肉片，挤上蛋黄酱。（图6）
7. 第2层放烟肉、鸡蛋，挤上蛋黄酱，用第3片面包覆盖。（图7）
8. 用竹签在四处插紧后切边，再沿对角切成4块，装盘。（图8、图9）

制作

1. 三文鱼切小厚片。（图1）

2. 将生菜切丝，番茄切片。（图2）

3. 鱼片用日式照烧汁、白糖、蒜蓉腌渍。（图3）

4. 热平底锅倒入橄榄油，放腌好的三文鱼煎至五成熟。（图4）

5. 平底锅中煎热墨西哥饼皮后，将其放在抹了橄榄油的烤盘上，铺上杰克芝士、生菜丝、番茄片、煎好的三文鱼。（图5）

6. 用墨西哥饼皮将所有食材卷成墨西哥卷，用竹签定形。（图6）

7. 放入预热至220℃的烤箱中烤至两面上色。（图7）

8. 根据所需长度切开。（图8）

铁板三文鱼卷

Teriyaki Salmon Warp

饼皮被煎得焦黄酥香，包裹着肉质紧密鲜美的三文鱼，吃进嘴里时，外焦里嫩的口感让人回味无穷，深受食客喜爱。

原料

墨西哥饼皮	……………………………	1张
三文鱼扒	……………………………	120g
日式照烧汁	……………………………	20ml
白糖	……………………………	1g
蒜蓉	……………………………	5g
番茄	……………………………	30g
生菜	……………………………	100g
杰克芝士	……………………………	80g
橄榄油	……………………………	5ml

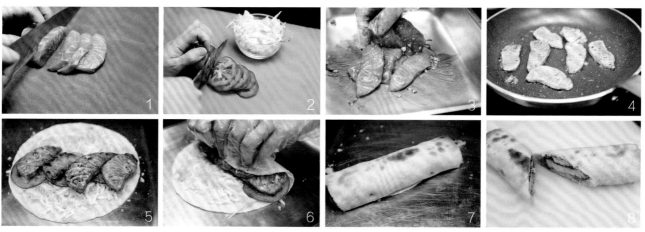

烤一张酱香满溢的比萨，铺上各种心仪的食材，等待它们在烤炉中变得膨胀焦黄；烹一份滋味丰富的意大利面，闻着散发出来浑然天成的小麦香气，让食客感受到面条与酱汁的相互融合，在唇齿间泛起美味的涟漪。

第 8 章

比萨与意大利面

玛格丽特比萨

Margherita Pizza

原料

比萨番茄酱	150g
马苏里拉芝士	180g
樱桃番茄片	120g
紫苏酱	10g
紫苏叶	10g
比萨面团	230g

制作

1. 比萨面团搓开至直径12英寸（约27cm）左右。（图1）
2. 均匀涂上比萨番茄酱。（图2）
3. 均匀铺上马苏里拉芝士。（图3）
4. 撒上樱桃番茄片。（图4）
5. 放入预热至230℃/240℃的烤箱中烤8~10min至表面上色，出炉放上紫苏叶，淋上紫苏酱。（图5）

 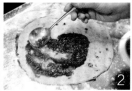   

比萨面团原料

三文尼那面粉	300g
辣西西里烘焙面粉	700g
食盐	适量
酵母	10g
橄榄油	30ml
水	530ml

制作比萨面团

1. 将两种面粉均匀搅拌，将水中加入食盐、橄榄油、酵母充分搅拌均匀加入面粉中。（图1）
2. 搅成面团即可取出。（图2）
3. 切成每块230g重(可制作12英寸大的比萨)的小块，然后搓圆搓光滑，放到托盘里，覆盖保鲜膜，常温发酵2h后放入冰箱备用。（图3）

意大利海鲜比萨

Seafood Pizza

原料

虾仁	100g		青圆椒条	30g
鱿鱼	100g		黄圆椒条	30g
青口	100g		比萨番茄酱	150g
油浸吞拿鱼	80g		马苏里拉芝士	150g
蟹柳	80g		初榨橄榄油	30ml
洋葱	15g		食盐	适量
法香碎	20g		胡椒碎	适量
白葡萄酒	20ml		比萨面团	230g

制作

1. 热平底锅放入橄榄油、洋葱炒香，加入鱿鱼、虾仁、青口、油浸吞拿鱼、蟹柳炒香，加入法香碎，喷入白葡萄酒，加食盐、胡椒碎调味出锅滤干水分。（图1）

2. 将比萨面团搓开至直径12英寸（约27cm）左右。（图2）

3. 均匀地涂上比萨番茄酱。（图3）

4. 均匀地铺上马苏里拉芝士。（图4）

5. 再放上炒好的海鲜、青圆椒条、黄圆椒条。（图5）

6. 放入预热至230℃/240℃的烤箱中烤8~10min至表面上色，出炉淋上少许初榨橄榄油即可。（图6）

原料

熟土豆	500g		罗勒酱	30g
高筋面粉	250g		橄榄油	15ml
鸡蛋	2个		樱桃番茄	20g
洋葱碎	20g		罗勒叶	5g
马苏里拉芝士	50g		食盐	适量
帕玛臣芝士	25g		胡椒碎	适量

意大利土豆丸子

Gnocchi

制作

1. 将鸡蛋取蛋黄放入容器中。（图1）

2. 准备好蒸熟的土豆蓉、面粉、帕玛臣芝士、鸡蛋黄、食盐、胡椒碎。（图2）

3. 在土豆蓉中加入帕玛臣芝士、面粉、蛋黄、食盐、胡椒碎搅拌均匀，搓成面团。（图3）

4. 将面团分成几份，揉成条状，再切成一口大小的小丸子。（图4）

5. 用叉子在切好的丸子上压痕成面疙瘩。（图5）

6. 烧开一锅水，放入丸子和少许食盐，煮3min，捞起沥干。（图6）

7. 热锅倒入橄榄油，放入洋葱碎炒软，加入樱桃番茄、罗勒叶翻炒，放入罗勒酱和煮好的土豆丸子翻炒均匀。（图7）

8. 放上马苏里拉芝士，用面火炉焗上色，装盘。（图8）

原料

墨汁面	150g		黄油	20g
烟肉	50g		帕玛臣芝士碎	20g
洋葱	50g		鸡蛋	1个
蘑菇片	30g		白葡萄酒	20ml
蒜蓉	10g		法香	5g
淡奶油	100ml		食盐	适量
橄榄油	15ml		黑胡椒碎	适量

烟肉洋葱奶油墨汁面

Ink Pasta Carbonara

制作

1. 煮墨汁面：锅中水烧开，加食盐和橄榄油，下墨汁面煮8min捞起（七成熟），拌少许橄榄油备用。（图1）

2. 洋葱、烟肉切小丁备用。（图2）

3. 加热平底锅，放入黄油、洋葱丁、烟肉丁、蘑菇片、蒜蓉炒香，倒入白葡萄酒。（图3）

4. 加入墨汁面，用法香、食盐、黑胡椒碎调味，离火。（图4）

5. 将鸡蛋取蛋黄放入容器中，加入淡奶油、帕玛臣芝士碎搅拌。（图5）

6. 在炒好的墨汁面中加入调好的蛋黄奶油芝士酱充分搅拌均匀。（图6）

7. 将烹制好的墨汁面装盘，撒上芝士碎，根据个人喜好装饰。

香辣海鲜番茄汁竹管面

Penne Seafood Arabiatta

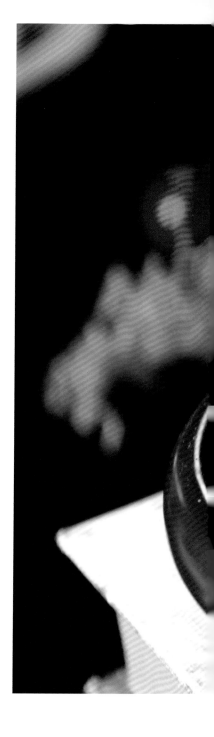

原料

意大利竹管面	⋯⋯⋯⋯⋯⋯	150g
意大利青黄瓜	⋯⋯⋯⋯⋯⋯	80g
熟虾	⋯⋯⋯⋯⋯⋯⋯⋯⋯⋯	100g
青口	⋯⋯⋯⋯⋯⋯⋯⋯⋯⋯	80g
蛤蜊	⋯⋯⋯⋯⋯⋯⋯⋯⋯⋯	80g
鱿鱼	⋯⋯⋯⋯⋯⋯⋯⋯⋯⋯	80g
樱桃番茄	⋯⋯⋯⋯⋯⋯⋯	80g
洋葱	⋯⋯⋯⋯⋯⋯⋯⋯⋯⋯	20g
蒜蓉	⋯⋯⋯⋯⋯⋯⋯⋯⋯⋯	10g
指天椒	⋯⋯⋯⋯⋯⋯⋯⋯⋯	5g
白葡萄酒	⋯⋯⋯⋯⋯⋯⋯	20ml
橄榄油	⋯⋯⋯⋯⋯⋯⋯⋯⋯	20ml
番茄酱	⋯⋯⋯⋯⋯⋯⋯⋯⋯	150g
法香	⋯⋯⋯⋯⋯⋯⋯⋯⋯⋯	5g
食盐	⋯⋯⋯⋯⋯⋯⋯⋯⋯⋯	适量
胡椒碎	⋯⋯⋯⋯⋯⋯⋯⋯⋯	适量

制作

1. 煮意大利竹管面：锅中水烧开，加食盐和橄榄油，下意大利竹管面煮8min捞起（七成熟），拌少许橄榄油备用。（图1）

2. 将洋葱切碎、意大利青黄瓜切小丁备用。（图2）

3. 将虾去头去壳去沙线，鱿鱼、青口、蛤蜊洗净备用。（图3）

4. 热平底锅倒入橄榄油，加入洋葱碎、蒜蓉、指天椒、意大利青黄瓜丁炒香。（图4）

5. 放入海鲜翻炒，倒入白葡萄酒。（图5）

6. 放入樱桃番茄，加入番茄酱搅拌均匀。（图6）

7. 加入意大利竹管面，收汁。（图7）

8. 加入法香、食盐、胡椒碎调味，装盘。（图8）

意大利饺子

Tortellini

原料

菠菜叶	600g		蒜蓉	5g
帕玛臣芝士粉	20g		番茄酱	80g
马斯卡普尼芝士	80g		罗勒叶	5g
烤松子仁	20g		食盐	适量
黄油	15ml		胡椒碎	适量
洋葱碎	20g			

意大利面皮配料

高筋面粉	350g	蛋黄	2个
三文尼那小麦面粉	150g	橄榄油	10ml
鸡蛋	3个	食盐	5g

制作

1. 菠菜叶焯水，放入冰水镇冷，挤干水分。（图1）

2. 将菠菜叶切碎，松子仁切碎。（图2）

3. 容器中放入菠菜碎、松子仁碎、帕玛臣芝士粉、马斯卡普尼芝士、食盐、胡椒碎调味搅拌成饺子馅。（图3）

4. 在搅拌器中加入高筋面粉、小麦面粉、鸡蛋、蛋黄、食盐、橄榄油搅拌成团。（图4）

5. 面团用压面机制作成意大利面皮。（图5）

6. 将面皮切成花纹长条状，等距离放上菠菜馅料。（图6）

7. 取另一张长条面皮盖上，在两团馅之间用手指按下去，用花纹刀沿着按下去的部位切开。（图7）

8. 制作成一个一个小方块，捏紧边，用叉子压出印子即成饺子。（图8）

9. 锅中烧水加少许食盐，放入意大利饺子煮熟。（图9）

10. 加热平底锅，放入黄油，加洋葱碎、蒜蓉、番茄酱、罗勒叶炒香。（图10）

11. 加入煮好的饺子拌匀，出锅装盘，装饰。（图11、图12）

意大利蘑菇烩饭

Risotto ai Funghi

原料

意大利米	150g	鸡高汤	100ml
白蘑菇	80g	淡奶油	30ml
牛肝菌	80g	橄榄油	25ml
白葡萄酒	15ml	百里香	10g
洋葱	30g	黑松露菌片	5g
蒜肉	5g	食盐	适量
黄油	15g	胡椒碎	适量
帕玛臣芝士	20g		

制作

1. 将洋葱、蒜肉切成洋葱碎、蒜蓉，白蘑菇和牛肝菌洗净切成3mm厚的片备用。（图1）

2. 锅烧热倒入15ml橄榄油，放入洋葱末和蒜末（总量的1/2），中小火炒香后，放入白蘑菇片、牛肝菌片，加食盐、胡椒碎调味炒匀备用。（图2）

3. 另取一只厚底锅，加入橄榄油10ml，放入剩余的洋葱末和蒜末，中火炒香后，转小火放入意大利米，翻炒均匀后，倒入白葡萄酒，加入鸡高汤煮至米粒七成熟。（图3）

4. 米饭煮好后，将炒好的蘑菇片倒入米饭中，加入百里香，煮至无硬心，加入帕玛臣芝士、淡奶油、黄油、黑松露菌片。（图4）

5. 将意大利米及所有原料充分搅拌均匀。（图5）

6. 将煮好的烩饭装入容器里，倒扣在碟上，摆盘。

原料

千层面皮	6张	黄油	20g
牛肉酱	150g	面粉	10g
番茄酱	50g	百里香	5g
奶油白汁	150ml	罗勒酱	5g
马苏里拉芝士碎	100g	食盐	适量
洋葱碎	30g	黑胡椒碎	适量
蒜蓉	5g	法香	适量
橄榄油	15ml		

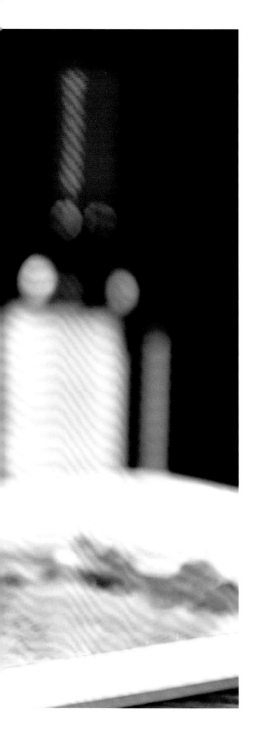

意大利牛肉千层面

Beef Lasague

制作

1. 锅中烧水加少许食盐，放入千层面皮煮5min（六成熟）捞起，拌少许橄榄油备用。（图1）

2. 做番茄牛肉酱：热锅加橄榄油放洋葱碎、蒜蓉炒香，加入牛肉酱、番茄酱、百里香、食盐、黑胡椒碎调味收汁至浓稠备用。（图2）

3. 奶油白汁加热调味。（图3）

4. 在器皿内涂少许黄油，拍上薄面粉，第1层：铺一张煮好的千层面皮，抹上奶油白汁，放入番茄牛肉酱，撒上马苏里拉芝士碎。（图4）

5. 第2层、第3层同样根据顺序铺上面皮、奶油白汁、番茄牛肉酱、芝士碎。（图5）

6. 第4层直接铺上面皮，淋上奶油白汁、番茄牛肉酱，铺满芝士碎。（图6）

7. 放入预热至180℃的烤箱中，烤30min左右至表面上色。（图7）

8. 将烤好的千层面倒扣在盘子上，淋上适量番茄汁、罗勒酱，放少许法香。（图8）

炭火上的滋滋声响，带来袅袅迷人的屡屡肉香；热锅中的慢火细煮，带来原汁原味的海洋馈赠。肉类与海鲜通常作为西餐中的主菜呈现，它们往往是西餐的画轴中最浓墨重彩的一笔，是全场的焦点，在西餐桌上大放异彩。

第 9 章

主菜

新鲜的深海鳕鱼经过精心调味和烹饪，再配以极具地中海风情的普罗旺斯炖菜酱汁，具有鲜嫩多汁、入口即化的特点。

普罗旺斯番茄银鳕鱼

Grilled Cod Fish with Provence Style

原料

银鳕鱼块	180g
柠檬汁	1个柠檬
番茄	300g
洋葱	50g
蒜蓉	15g
白葡萄酒	30ml
面粉	20g
番茄酱	50g
罗勒酱	10g
黑橄榄	15g
酿橄榄	15g
法香	5g
菠菜	100g
黄油	10g
橄榄油	15ml
食盐	适量
胡椒碎	适量

制作

1. 银鳕鱼块洗净，吸干水分，加入食盐、胡椒碎、柠檬汁、白葡萄酒腌渍入味，拍上少许面粉备用。（图1）

2. 番茄洗净，去皮去籽切碎备用；洋葱洗净，一部分切碎，另一部分切丝备用。（图2）

3. 热锅倒入橄榄油将洋葱碎、蒜蓉炒香，加入番茄碎、番茄酱、黑橄榄、酿橄榄、罗勒酱、食盐、胡椒碎调味。（图3）

4. 热平底锅中放入黄油，将银鳕鱼煎至七成熟、呈金黄色。（图4）

5. 将煎好的银鳕鱼放入调制好的番茄酱中。（图5）

6. 加入法香、食盐、胡椒碎调味，文煮烩熟。（图6）

7. 制作配菜：蒜蓉炒菠菜、炸洋葱丝。（图7）

8. 将烹制好的银鳕鱼和配菜一起装盘。（图8）

孔妃三文鱼配龙井虾仁捞鸡蛋

Poached Salmon with Sautéed Egg and Shrimp

以石烹的方式展现东方茶汁与西式低温浸泡三文鱼的完美结合，香气扑鼻。

享受这道菜之前，先饮上一杯纯正的龙井茶，使人清新口气，更好地品尝这道菜的美味精髓。

配菜

鸡蛋	2个		熟虾仁	100g
韭菜	20g		橄榄油	15ml
淡奶油	10ml		龙井茶	20g

原料

三文鱼	120g	香叶	1片
洋葱丝	60g	柠檬	1个
西芹丝	60g	白葡萄酒	10ml
胡萝卜丝	60g	食盐	适量
百里香	6g	黑椒碎	适量

制作

1. 锅中水烧至沸腾后加入洋葱丝、西芹丝、胡萝卜丝、香叶、百里香、白葡萄酒、切片的柠檬、食盐、黑椒碎煮成蔬菜水，离火。（图1）

2. 蔬菜水降温至55℃时将三文鱼放入浸泡5~6min（约五成熟）待用。（图2）

3. 鸡蛋打散，加入韭菜、虾仁、淡奶油调味拌匀。（图3）

4. 取茶叶放至茶壶中，洗一道茶，再加入92℃水泡茶。（图4）

5. 将鹅卵石放入烤箱烧热至280℃，放入热石锅中，倒入橄榄油。（图5）

6. 浇上少许龙井茶水，飘出茶香。（图6）

7. 倒入鸡蛋液，用勺子拌匀。（图7）

8. 放入浸泡后的三文鱼。（图8）

9. 放入适量食盐和黑椒碎，（图9）放上水瓜柳、松柳苗装饰，配上龙井茶、柠檬角。

丛林法则 — 海鲜篇

Barbecue Seafood

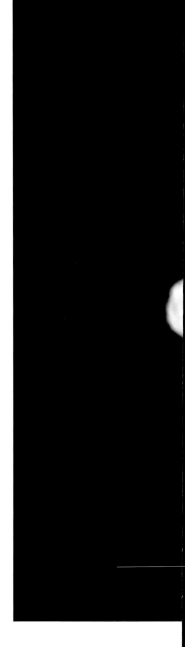

本道菜灵感来自电视节目《丛林法则——岛屿》，在岛屿野外求生，碳烤海鲜，追求食材的原汁原味。

制作

1. 螃蟹去壳洗净后斩成4大件。（图1）

2. 九节虾洗净，用竹签由尾部穿至头部；孔雀蚌、扇贝、生蚝逐个撬开，去掉一边外壳洗净备用。（图2）

3. 鹅卵石洗净放入烤箱中烤至220℃。（图3）

4. 将处理好的螃蟹、九节虾、孔雀蚌、生蚝、扇贝淋上食用油，撒上海盐，淋上蒜蓉酱，放在烧烤架上烤至七成熟。（图4）

5. 制作配菜：烤土豆和番薯，用黄油、卡真粉、食盐、胡椒碎调味。（图5）

6. 将烤至220℃的鹅卵石放入容器中，然后依次放上烤好的土豆、番薯、切开的柠檬以及烤至七成熟的所有海鲜。（图6）

7. 把玫瑰露酒洒在鹅卵石上迅速用小火枪点燃使其燃烧，然后放上薄荷叶。（图7）

原料

螃蟹	400g	玫瑰露酒	20ml
九节虾	150g	食用油	20ml
孔雀蚌	150g	薄荷叶	20g
生蚝	2个	土豆	100g
扇贝	2个	番薯	100g
柠檬	1个	卡真粉	5g
炭烧辣味蒜蓉酱	100g	食盐	适量
海盐	25g	胡椒碎	适量
黄油	5g		

原料

龙虾	750g	白葡萄酒	100ml
奶油白汁	180g	柠檬汁	1个柠檬的量
马苏里拉芝士	50g	食盐	适量
洋葱碎	60g	胡椒碎	适量
西芹碎	30g		

法式芝士焗龙虾

Baked Lobster with Cream Sauce and Cheese

制作

1. 用热平底锅将洋葱碎、西芹碎炒香，倒入白葡萄酒。（图1）

2. 加入奶油白汁、少许柠檬汁、食盐、胡椒碎调味备用。（图2）

3. 龙虾洗净备用。（图3）

4. 将龙虾对半切开，擦干水分，用食盐、胡椒碎、白葡萄酒腌渍。（图4）

5. 将龙虾放在扒板上煎至五成熟。（图5）

6. 在煎好的龙虾上放上调好的奶油汁（步骤2），撒上马苏里拉芝士。（图6）

7. 入预热好至220℃的烤箱中焗至表面上色，配上适量生菜沙拉装盘。（图7）

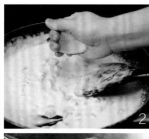

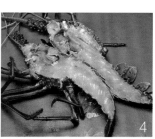

制作

1. 海鲈鱼取肉备用。（图1）

2. 海鲈鱼用食盐、胡椒碎、白葡萄酒腌渍。（图2）

3. 热平底锅倒入橄榄油，将海鲈鱼煎至两面金黄色，放入预热至200℃的烤箱中烤熟。（图3）

4. 热平底锅炒洋葱碎、烟肉碎、蒜蓉，放入蛤蜊，喷入白葡萄酒，盖上盖子煮至蛤蜊壳张开。（图4）

5. 倒入奶油、食盐、胡椒碎、柠檬汁调味。（图5）

6. 制作番茄莎莎酱：樱桃番茄切小丁放入容器中，加入蒜蓉、洋葱碎、香菜梗碎、食盐、胡椒碎调味搅拌均匀。（图6）

7. 将番茄莎莎酱与海鲈鱼、蛤蜊一起装盘，淋上奶油酱汁，配上装饰材料。（图7）

地中海鲈鱼佐海皇汁

Grilled Sea Bass with Clam Chowder Sauce

原料

海鲈鱼块	······	250g
奶油	······	50ml
洋葱碎	······	10g
蒜蓉	······	5g
香菜梗碎	······	5g
蛤蜊	······	80g
烟肉碎	······	30g
白葡萄酒	······	20ml
柠檬汁	······	5ml
樱桃番茄	······	50g
橄榄油	······	15ml
食盐	······	适量
胡椒碎	······	适量

制作

1. 牛柳用蒙特利调味料、橄榄油腌渍。（图1）

2. 将鹅肝斜切1cm 厚的片，用适量黑胡椒粒、红胡椒粒和海盐调味，裹上面粉。（图2）

3. 加热平底锅至250℃左右时，倒入橄榄油，将牛柳煎焦至需要的成熟度，倒入红葡萄酒即刻出锅。（图3）

4. 鹅肝放入热平底锅中煎至两面金黄色，用适量黑胡椒粒、红胡椒粒和海盐调味。（图4）

5. 制作配菜：炒芦笋、樱桃番茄、椰菜仔、胡萝卜仔、西蓝花。（图5）

6. 将鹅肝搭牛柳放至木板中，依次摆上配菜，撒上黑胡椒粒、红胡椒粒、海盐，用百里香装饰。（图6）

罗西尼牛柳配鹅肝

Rossini Beef Tenderloin

　　鹅肝与牛柳完美搭配，鹅肝的油腻早已被牛肉的自然鲜香所调和，留于味蕾的只有回味无穷的口感。

原料

牛柳	220g
鹅肝	80g
蒙特利调味料	5g
红葡萄酒	15ml
芦笋	80g
樱桃番茄	20g
椰菜仔	30g
胡萝卜仔	50g
西蓝花	30g
橄榄油	30ml
百里香	1根
黑胡椒粒	少许
红胡椒粒	少许
海盐	少许

匈牙利烩牛肉

Beef Goulash

原料

牛肉	600g	香叶	3片
胡萝卜	200g	百里香	5g
洋葱	150g	橄榄油	15ml
西芹	150g	褐色高汤	500ml
土豆	150g	牛高汤	150ml
茄膏	80g	酸奶油	适量
红葡萄酒	60ml	盐胡椒	适量
匈牙利红椒粉	20g		

制作

1. 牛肉洗净切成3cm 的方块。（图1）

2. 牛肉块加入甜红椒粉、盐胡椒拌匀封上橄榄油腌制30min备用。（图2）

3. 将洋葱、胡萝卜、西芹切成与牛肉一样大小的块状。（图3）

4. 热锅倒入橄榄油，放入牛肉块煎至焦香，喷入红酒。（图4）

5. 另起锅倒入橄榄油，放入洋葱炒香，加入香叶、百里香炒香，最后加入茄膏炒至褐色。（图5）

6. 加入煎好的牛肉块、褐色高汤、牛高汤，大火煮至沸腾，转文火烩20min。（图6）

7. 最后放入胡萝卜、土豆、西芹烩15min出锅，放入酸奶油，配上装饰材料。（图7、图8）

菜名源于英国首相、滑铁卢战役的英雄——威灵顿公爵，俗称"酥皮焗牛排"，酥皮包裹着鲜嫩多汁的牛柳、鹅肝、野生菌等原料进行烘烤，其成品色彩亮丽，味道浓郁。

原料

澳洲牛柳	3kg	百里香	5g
帕尔玛火腿	30g	黄芥末	5g
酥皮	1张	白兰地	15ml
蛋黄	3个	食盐	适量
白蘑菇	280g	黑胡椒碎	适量
洋葱碎	150g	面粉	少许
鹅肝	100g	黄油	15g
菠菜叶	50g		

威灵顿酥皮牛柳

Beef Wellington

制作

1. 牛柳去掉边角、筋、多余的油脂。（图1）

2. 将白蘑菇洗净打碎。（图2）

3. 鹅肝切丁状，调味，放入加热至180℃的平底锅煎熟取出备用。（图3）

4. 锅中剩余鹅肝油放入洋葱碎炒香，加百里香、蘑菇碎，炒透后倒入白兰地翻炒收汁，放凉后加入煎好的鹅肝拌匀备用。（图4）

5. 牛柳撒上食盐、黑胡椒碎，入预热至280℃的平底锅中，煎至表面上色（约三成熟）。（图5）

6. 出锅后均匀涂抹上黄芥末放凉。（图6）

7. 保鲜膜平摊，有序地叠上火腿片、焯水的菠菜叶，放上鹅肝蘑菇酱抹平。（图7）

8. 把牛柳放在馅料中间，隔着保鲜膜把牛柳卷紧，放入冰箱冷藏20min定形。（图8）

9. 摊开酥皮，撒上少许面粉，四周刷蛋黄液，酥皮裹包好准备好的牛柳，封口朝下，放入烤盘涂抹了黄油的烤箱中（或垫上烤盘纸）。（图9）

10. 酥皮表面刷上蛋黄液，用竹签划条格纹状。（图10）

11. 放入预热至220℃的烤箱中烤15min至表面金黄酥脆，静置5min后约七成熟即可（烘烤的时间可根据需要的成熟度调节）。（图11）

羊排用蔬菜及各种香料腌制而成，经炭火烘烤，外焦里嫩、鲜嫩多汁。

腌渍用配料

洋葱	750g		食盐	100g
西芹	750g		黑椒粒	20g
胡萝卜	750g		鸡粉	60g
大葱	150g		红椒粉	25g
葱肉	100g		孜然粉	200g
香菜	100g		孜然粒	150g
蒜肉	500g		辣椒碎	80g
干葱	400g		黄芥末	90g
柠檬	2个		调和油	1000ml
新鲜迷迭香	15g			

草原风味炭烧羊排

Roasted New Zealand Lamb Rack whit Herb

羊排调味粉

辣椒粉 ···································· 10g

孜然粉 ···································· 20g

卡真粉 ···································· 20g

原料

纽西兰法式羊扒 ···················· 15kg

孜然粒 ································· 40g

制作

1. 准备所有的腌渍用配料。（图1）

2. 将所有腌渍用配料搅拌至出少许蔬菜汁。（图2）

3. 用调制好的腌料将羊扒全部覆盖，放入0~5℃的冰箱腌渍12h。（图3）

4. 取出羊排穿入巴西烧烤叉。（图4）

5. 放在炭烤炉上炭烤至约五成熟取出。（图5）

6. 将辣椒粉、孜然粉、卡真粉拌匀成烤羊扒调味粉。（图6）

7. 撒上孜然粒、羊扒调味粉继续烤至七成熟。（图7）

8. 羊扒切件，摆盘装饰。（图8）

苹果木烟熏美国带骨猪排

Smoked Pork Chop with Apple Tree

　　木头烟熏的特点就是耐烧，制作出来的食材烟熏味浓，但烟熏肉类对木材的选择十分严格，以果木为上。苹果木本身带有清香味道，能够充分带出肉类的鲜美，令其风味的层次性更为明显。

原料

精选带骨美国猪排	250g
迷迭香碎	5g
蒜蓉	15g
白葡萄酒	15ml
番茄	100g
卡夫芝士	1片
芝麻菜	20g
橄榄油	25ml
食盐	适量
黑胡椒碎	适量

制作

1. 将带骨猪排去筋及多余脂肪，撒上食盐、黑胡椒碎、迷迭香碎、蒜蓉、橄榄油腌渍。（图1）

2. 热平底锅倒入橄榄油，放入腌好的猪排煎至呈金黄色，倒入白葡萄酒。（图2）

3. 制作配菜：芝士焗番茄，橄榄油拌芝麻菜。（图3）

4. 烟熏枪装上苹果木烟熏料备用。（图4）

5. 将猪排和配菜摆盘，配上装饰材料，烟熏后即可食用。（图5）

美式烤西班牙黑毛猪肉排

Finger Licking BBQ Baby Back Ribs

原料

整块黑毛猪肉排	1000g
红椒粉	20g
食盐	20g
白糖	10g
薄荷叶	5g
玉米	200g

BBQ酱制作原料

番茄汁	1875ml
蒜蓉	50g
黑椒碎	6g
白醋	62.5ml
蒜粉	6.5g
李派林喼汁	15ml
柠檬汁	31ml
蜂蜜	37.5g
黄梅果酱	50g
日本酱油	50ml
辣椒仔	8g
食盐	4g
白糖	4g

制作

1. 白糖、食盐、红椒粉充分混合后搅拌均匀。（图1）

2. 猪肉排洗净沥干水分，均匀撒上步骤1的调味粉。（图2）

3. 将腌好的猪肉排真空包装，放入恒温80℃水中低温烹饪6~8h。（图3）

4. 将低温煮好的猪肉排捞出控干水分。（图4）

5. 将BBQ酱所有原料放入容器中搅拌均匀备用。（图5）

6. 将BBQ酱均匀地涂抹在猪肉排表面。（图6）

7. 放入预热至220℃的烤箱中烤至上色，切开后装盘。（图7、图8）

巴西烧烤鸡翅
Brazil Grill Chicken Wings

制作

1. 准备所有腌渍用原料。（图1）
2. 将腌鸡翅粉原料倒入容器中，加入水搅拌均匀至糊状。（图2）
3. 将冷冻鸡翅解冻洗净控干水分加入腌鸡翅粉糊中。（图3）
4. 加入蒜蓉、蜂蜜搅拌均匀，最后用调和油封腌鸡翅24h。（图4）
5. 取出鸡翅并去掉蒜蓉，用巴西烧烤叉穿好。（图5）
6. 用中火烤至表面呈金黄色，涂抹烧烤酱烤3min至熟。（图6）

小贴士 在容器中加入所有烧烤酱所需的原料，慢慢搅拌均匀即可。

原料

冷冻鸡翅	1kg
蒜蓉	35g
水	10ml
蜂蜜	20g
调和油	50ml

腌鸡翅粉原料

食盐	7g
鸡粉	3g
卡真粉	3g
蒜粉	4.2g
白胡椒粉	1.5g
辣椒粉	2.5g
红椒粉	2.5g
生粉	15g

烧烤酱原料

芝麻酱	38g
麦芽糖	100g
生抽	100ml
沙茶酱	10g
柱候酱	6g
花生酱	8.5g
水	50ml

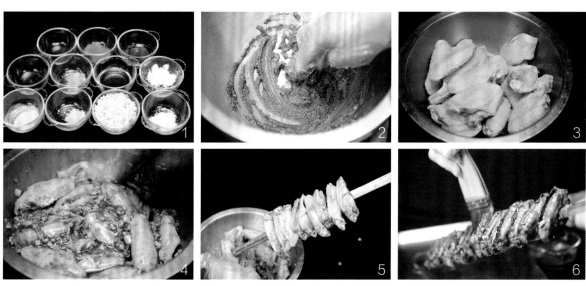

德国黑啤柠檬烤鸡

Guinness Fed Roast Chicken

原料

三黄鸡	1只（约1.2kg）	柠檬	2片
德国黑啤酒	500ml	细辣椒粉	5g
调和油	20ml	红椒粉	3g
蒜蓉	30g	卡真粉	5g
洋葱丝	30g	蒜粉	5g
胡萝卜丝	30g	食盐	适量
西芹丝	30g	胡椒	适量

制作

1. 取三黄鸡去掉内脏清洗干净后对半切开备用。（图1）

2. 将柠檬片、所有蔬菜、调味料放入容器中，倒入啤酒搅拌均匀，制成腌料。（图2）

3. 将准备好的鸡放入步骤2的腌料中覆盖腌渍4h。（图3）

4. 将腌料里的蔬菜取出放入烤盘中垫底，将鸡放在蔬菜上方，倒入啤酒汁水。（图4）

5. 放入预热至200℃的烤箱中烤35min至金黄色取出。（图5）

6. 烤盘里剩余汁液过滤入锅中浓缩成酱汁。（图6）最后，将鸡放在盘子上，淋上酱汁，根据个人喜好稍加装饰即可。

甜品作为最后出现在西餐桌上的惊喜，散发出西餐甜美的余韵。很多人挚爱甜品，喜欢它的迷人样貌，喜欢它的浪漫口感，喜欢它带来的如沐春风般的舒心，更喜欢沉浸在它带给人们的无尽遐想之中……

第 ⑩ 章

甜品

芒果布丁

Mango Pudding

这是一款备受喜欢的经典甜品，口感软绵顺滑，轻盈甜腻中透着一股浓郁的芒果果香，怎能不让人情不自禁地发出连连赞叹呢？

原料

芒果果蓉 …………………………	360g
水 ………………………………	200ml
白糖 ……………………………	120g
牛奶 ……………………………	200ml
鱼胶片 …………………………	10g

制作

1. 将鱼胶片泡入冰水中备用。（图1）

2. 锅中放入水和白糖煮至沸腾。（图2）

3. 降温至60℃加入鱼胶片。（图3）

4. 芒果果蓉煮化至50℃，加入糖水中。（图4）

5. 搅拌均匀并过滤。（图5）

6. 冷却后加入牛奶搅拌均匀。（图6）

7. 倒入杯中，放入冰箱，吃的时候可按照个人喜好加入芒果肉粒。（图7、图8）

法式焦糖炖蛋

Crème Brulee

小小的焦糖炖蛋，看起来可爱诱人，吃起来蛋香浓郁，甜而不腻，还带着焦糖的香味，每一口都甜蜜绵滑，让人欲罢不能。

原料

淡奶油	750ml
牛奶	250ml
白糖	100g
香草条	1条
蛋黄	12个
粗砂糖	适量

制作

1. 在锅中加入牛奶、淡奶油、香草条、一半白糖加热至60~80℃。（图1）
2. 将蛋黄、另一半的白糖搅拌均匀。（图2）
3. 将煮好的奶和步骤2的蛋黄混合拌匀。（图3）
4. 拌匀后过滤。（图4）
5. 倒入模具中。（图5）
6. 隔水放入预热160℃/160℃的烤箱中炖30min。（图6）
7. 倒入粗砂糖铺平，用喷火枪烧至表面呈焦糖色。（图7）
8. 最后，按照自己喜欢的样式装饰即可。

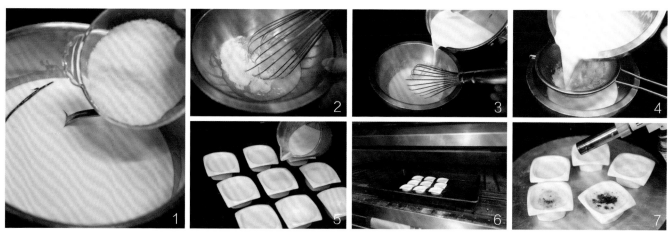

杏仁条曲奇

Almond Cookies

　　这款曲奇的制作过程充满了乐趣，看着半成品在烤箱的高温烘焙下慢慢产生了变化，表面慢慢覆上焦黄色，杏仁香味也迫不及待地扑鼻而来，让人格外期待。

原料

原料		
牛油	…………………………………	170g
糖粉	…………………………………	60g
食盐	…………………………………	1g
鸡蛋	…………………………………	35g
低筋面粉	……………………………	180g
杏仁片	…………………………………	175g

制作

1. 将牛油放入搅拌机中加入糖粉、食盐混合搅拌均匀。（图1）

2. 鸡蛋分2~3次加入步骤1中慢慢搅拌均匀。（图2）

3. 加入过筛后的低筋面粉拌匀。（图3）

4. 加入杏仁片拌匀。（图4）

5. 压模成形，放入冷藏冰箱冻至定形。（图5）

6. 根据所需长度切成条状放在烤盘中。（图6）

7. 放入预热165~185℃的烤箱中烤至金黄色，取出后装饰。（图7、图8）

巧克力布朗尼

Chocolate Brownie

一种块小、味甜、像饼干的巧克力蛋糕，以它的巧克力色
（brown）而得名。

原料

黄油	900g
黑巧克力	880g
咖啡粉	98g
水	80ml
鸡蛋	600g
白糖	1200g
蛋糕粉	600g
食盐	12g
可可粉	160g
坚果仁	500g

制作

1. 坚果仁烤干，掰碎备用。（图1）
2. 融化黄油和黑巧克力搅拌均匀备用。（图2）
3. 咖啡粉加水溶化，搅拌均匀备用。（图3）
4. 鸡蛋、白糖放入容器中搅拌均匀。（图4）
5. 加入蛋糕粉、食盐、可可粉搅拌均匀。（图5）
6. 加入咖啡水搅拌均匀。（图6）
7. 再加入黄油巧克力酱搅拌均匀。（图7）
8. 最后加入掰碎的果仁搅拌均匀。（图8）
9. 将拌好的糊倒入烤盘中，放入预热至180℃/190℃的烤箱中烤约40min，取出冷却后倒模，切小块，摆盘，根据个人喜好装饰。（图9、图10）

美国芝士蛋糕

American Cheese Cake

原料

奶油芝士	310g	柠檬皮丝	0.5个柠檬
鸡蛋	60g	酸忌廉芝士	80g
白糖	100g	原味饼干碎	175g
香草籽	1条	黄油	15g

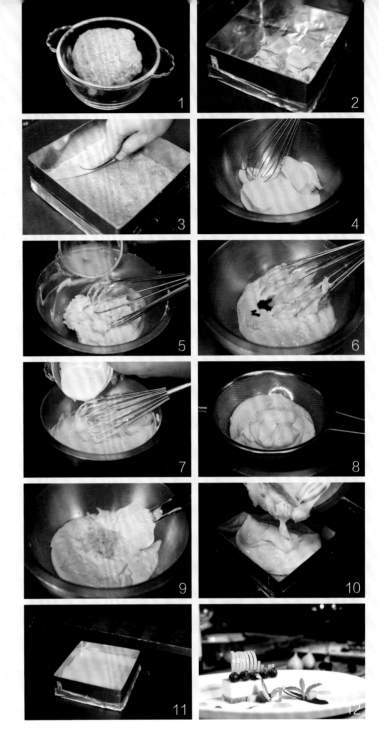

制作

1. 将黄油融化与饼干碎拌匀，揉成团状。（图1）

2. 将锡纸放在模具下折好。（图2）

3. 饼干碎团放在烤盘中压平成饼底。（图3）

4. 解冻奶油芝士和白糖搅拌均匀。（图4）

5. 鸡蛋分2~3次加入。（图5）

6. 加入香草籽搅拌均匀。（图6）

7. 酸忌廉芝士分次慢慢加入以上材料中搅拌均匀。（图7）

8. 将搅拌均匀的芝士蛋糕糊过滤。（图8）

9. 加入柠檬皮丝搅拌均匀。（图9）

10. 将调好的芝士蛋糕糊倒入饼底中。（图10）

11. 放入预热至150℃的烤箱中烤30min。（图11）

12. 冷却片刻后，倒模切块，摆盘装饰。（图12）

在意大利文中，提拉米苏（Tiramisu）的意思是"马上把我带走"，意指吃了此等美味，就会幸福得飘飘然、宛如进入仙境。

原料

马斯卡普尼芝士	……………………………	350g
蛋黄	……………………………………	4个
白糖	……………………………………	100g
水	………………………………………	40ml
淡奶油	…………………………………	500ml
咖啡酒	…………………………………	30ml
鱼胶片	…………………………………	20g
巧克力蛋糕坯	…………………………	1份
手指饼	…………………………………	适量
可可粉	…………………………………	适量

咖啡液配料

特浓咖啡	…………………………………	200ml
白糖	……………………………………	50g
咖啡酒	…………………………………	40ml
苦杏仁酒	………………………………	20ml

小贴士　出品时可以撒上可可粉装饰。

提拉米苏

Tiramisu

制作

1. 淡奶油打发至八成备用。（图1）

2. 白糖加水煮开，加入打发的蛋黄中拌匀。（图2）

3. 马斯卡普尼芝士放入容器中完全解冻，加入步骤2中搅拌均匀。（图3）

4. 淡奶油分次加入步骤3中搅拌均匀。（图4）

5. 加入咖啡酒搅拌均匀。（图5）

6. 鱼胶片先用冰水泡软，再用微波炉化开。（图6）

7. 加入提拉米苏糊中搅拌均匀。（图7）

8. 在模具中放入巧克力蛋糕坯，上面铺一层提拉米苏糊。（图8）

9. 调制咖啡液：特浓咖啡、白糖、咖啡酒、苦杏仁酒混合搅拌均匀。（图9）

10. 在提拉米苏糊上间隔地铺满手指饼，刷上咖啡液。（图10）

11. 再倒上提拉米苏糊、铺手指饼、刷咖啡液，重复2层，最后倒上提拉米苏液铺满并刮平表面，放入冰箱冷藏；取出后，撒上可可粉，倒模切块，按照自己喜欢的方式摆盘装饰。（图11）

黑森林蛋糕

Black Forest Cake

原料

原料	用量	原料	用量
蛋糕粉	400g	白糖	25g
鸡蛋	1000g	橙皮	0.5个橙子
白糖	500g	玉桂条	适量
可可粉	60g	粟粉	适量
SP蛋糕油	20g	甜奶油	适量
牛奶	125ml	黑巧克力条	适量
清油	125ml	红加仑	少许
黑车厘子	1罐	糖粉	少许

制作

1. 准备所需原料（图1）

2. 蛋糕粉、可可粉过筛。（图2）

3. 鸡蛋用奶油搅拌机打至发白，加入白糖、SP蛋糕油快速搅打均匀。（图3）

4. 加入蛋糕粉、可可粉搅匀后快速搅拌打发。（图4）

5. 加入牛奶、清油快速搅拌。（图5）

6. 入模放入预热至180℃/160℃的烤箱中烘烤40min。（图6）

7. 待蛋糕冷却之后去掉不整齐的部分。（图7）

8. 将蛋糕坯均匀地切成3片备用。（图8）

9. 锅中放入切对半的黑车厘子、白糖、橙皮、玉桂条煮至软化。（图9）

10. 粟粉加水调匀后加入上一步骤材料中勾芡至所需要的浓稠度，离火冷却备用。（图10）

11. 甜奶油放入搅拌机中打发。（图11）

12. 蛋糕坯抹奶油和黑车厘子酱。（图12）

13. 覆盖第二层蛋糕坯，抹奶油和黑车厘子酱。（图13）

14. 覆盖第三层蛋糕坯，面上只抹奶油。（图14）

15. 蛋糕切块，在表面铺上黑巧克力条，摆上红加仑，撒上少许糖粉。（图15）

葡国木糠布丁

Biscuit Pudding

原料

淡奶油	250ml
炼奶	87g
薄脆片	250g

制作

1. 将淡奶油倒入搅拌机中打发至八成。（图1）

2. 加入炼奶低速搅拌均匀。（图2）

3. 将打好的甜奶油装入裱花袋中。（图3）

4. 在模具中撒入一层薄脆片，再挤入一层甜奶油。
   （图4）

5. 重复上一步骤，然后再撒入一层薄脆片。（图5）

6. 摆上装饰材料。（图6）